中国的美食探秘之旅

中国地图出版社　编著

中国地图出版社
·北京·

图书在版编目（CIP）数据

中国的美食探秘之旅 / 中国地图出版社编著 . 北京：中国地图出版社，2025. 7. -- ISBN 978-7-5204-4985-4

Ⅰ. TS971.2-49

中国国家版本馆 CIP 数据核字第 2025UV7511 号

责任编辑：郝文玉

编　　辑：徐　萌

封面设计：封超男

ZHONGGUO DE MEISHI TANMI ZHI LV

中国的美食探秘之旅

出版发行	中国地图出版社	邮政编码	100054
社　　址	北京市西城区白纸坊西街 3 号	网　　址	www.sinomaps.com
电　　话	010-83495213　83495131	经　　销	新华书店
印　　刷	保定市铭泰达印刷有限公司	印　　张	8
成品规格	170 mm × 240 mm		
版　　次	2025 年 7 月第 1 版	印　　次	2025 年 7 月河北第 1 次印刷
定　　价	29.80 元		
书　　号	ISBN 978-7-5204-4985-4		

目 录

第一章　黑土地上的味觉跃动
——东北味道

1 独具味道的黑龙江

黑龙江省位于中国东北部，由于其所处纬度高，因此冬季漫长。俗话讲“一方水土养一方人”，独特的地理气候造就了风味独特的黑龙江美食。

黑龙江雪乡

黑龙江省地处我国东北地区的北部，全年冰期 5—6 个月，是全国冬季最长、气温最低的省份。受低温的环境影响，黑龙江省的美食滋味浓厚，注重调味，以咸为主，咸甜分明。其中，人们所熟知的美食包括小鸡炖蘑菇、锅包肉、鸡西冷面、大列巴等。

小鸡炖蘑菇

小鸡炖蘑菇是一道地道的东北家常菜，食材以鸡肉、干蘑菇和粉条为主。粉条和蘑菇吸收了鸡肉的肉香，鸡肉在炖煮中也变得软烂可口，香气扑鼻。这道菜营养价值极高，很适合在寒冷的冬天与亲朋好友一起分享。

锅包肉

锅包肉，原名“锅爆肉”，始创于清朝光绪年间，是东北菜系中少见的以酸甜口味为主的美食，食材以里脊肉

为主。锅包肉色泽金黄、外酥里嫩、酸甜可口，深受男女老幼的喜爱。在 2022 年，哈尔滨锅包肉入选国家《地标美食名录》。

鸡西冷面

鸡西冷面是中国朝鲜族的特色美食，也是鸡西市百姓公认的“市吃”。鸡西冷面的面条多为荞麦面或小麦面加淀粉制成，劲道弹牙，口味分咸口和酸甜口两种。

冷面菜则是鸡西冷面的另一大特色，可选食材多达 50 余种，凡常见蔬菜、肉类和海鲜皆可成为冷面菜的一部分。对鸡西人来说，一碗正宗的鸡西冷面不仅是一种美食，也是满满的乡土记忆。

大列巴

大列巴是哈尔滨市的一绝，“列巴”是俄语“面包”的音译，因为体积大，所以名字前被冠以“大”字。大列巴的原料为面粉，面粉经过发酵、烘烤，就变成了表皮较硬、口味微酸的大列巴。单个大列巴重约 2 千克，可谓面包中的“大块头”。刚出炉的大列巴外表焦脆，内里松软，麦香浓郁。

2　醇厚香浓的吉林

聊到吉林省，你想到了什么？是明媚秀丽的松花湖，是恍若仙境的雾凇岛，还是令人垂涎欲滴的特色美食？

吉林省地处中国东北地区中部，东部为长白山地，西部为松辽平原的一部分，平原和河谷地区农业发达，盛产大豆、玉米、高粱、小麦、水稻等农产品，是中国重要的商品粮生产基地之一。

长白山天池

现在的吉林人很多是山东移民的后代，山东移民不仅带来了齐鲁文化，也带来了鲁菜。在吉林，本土风味与山东移民风味，还有满族、朝鲜族、蒙古族、回族的少数民族风味结合，形成了独具特色的吉林菜。吉林菜充分利用了当地丰富的物产，著名菜品有清蒸白鱼、雪衣豆沙、人参鸡等。

清蒸白鱼

清蒸白鱼，吉林名菜，原料是新鲜的松花江白鱼。阳春三月，江河解冻，白鱼肥美。明永乐年间，松花江边的渔民就用松花江水煮白鱼款待亲友。后来经烹饪高手潜心钻研，清蒸白鱼逐渐成为吉林人宴会上不可或缺的一道菜。清蒸白鱼口味以咸鲜为主，鱼肉洁白细腻，极受食客欢迎。

雪衣豆沙

雪衣豆沙，主要原料为红豆、鸡蛋，通过油炸的方式制成，形似朵朵棉桃，吃之前需要撒上晶莹的白糖。这道菜香甜可口，松软诱人，口感独特，喜欢吃甜食的朋友一定不要错过。相传，雪衣豆沙是清朝宫廷御宴中的名菜，已有百年历史。因制作难度大，在打蛋器发明之前，很多厨师对其望而却步。如果你有机会去吉林省旅游，一定要尝尝这道美食哟！

人参鸡

人参鸡，顾名思义，是人参与鸡肉的奇妙组合。人参是吉林省的特产之一，属于名贵补品。此菜上桌，但见参卧鸡中，鸡卧汤中，令人食欲大增。人参鸡滋味醇厚，鸡肉鲜嫩爽滑，是滋补身体的佳品。

3　色鲜味浓的辽宁

辽宁省历史文化底蕴丰厚，海岸线绵长，地形概貌有“六山一水三分田”之说，地理位置得天独厚，渔业资源丰富，盛产海鲜和特色农产品。

辽宁省位于中国东北地区南部，物产丰富，盛产水稻、玉米、大豆、高粱、棉花等农产品。因为辽宁省濒临渤海，故而渔业、盐业也很发达。辽宁省的美食选料考究，讲究营养，滋味醇厚，色美味香。辽宁菜通过融合清朝宫廷菜、王府菜、民间菜等，逐渐形成了自己的风格。酸菜汆（cuān）白肉、老边饺子、葱烧辽参等菜品是辽宁当地的著名美食。

鸭绿江风光

酸菜汆白肉

酸菜汆白肉是广泛流传于东北地区的特色菜品。在寒冷的冬天，它是每家必做的美食。此菜品的主料为酸菜、五花肉，做法简单，炖煮即可。酸菜汆白肉酸爽鲜美，白肉吸收了酸菜的香味，肥而不腻；酸菜吸足了肉香，脆嫩爽口。而且此菜品汤汁浓郁，寒冷的冬天来一口汤，满嘴都是幸福的味道。酸菜汆白肉营养价值高，是东北人喜爱的美食之一。

老边饺子

老边饺子，沈阳当地著名小吃，因创始人姓边而得名。老边饺子制作精细，选料考究，其独到之处在于调馅和制皮：肉馅先煸炒，再用骨汤慢煨；饺子皮则以小麦精粉制成。包

好的饺子可蒸、可煮、可煎，皮薄馅大，柔软多汁，鲜香味美，浓郁不腻。老边饺子自创始以来，荣获国内外多项大奖。现今，老边食品生产基地已经推出老边饺子、老边月饼、老边粽子等几十种食品。

葱烧辽参

葱烧辽参，辽宁菜中的经典名菜，以水发海参和大葱为主料，虽然用料和烹饪都很简单，但是非常讲究烹调的时间和火候。俗话说："陆有人参，水有海参。"辽参肉质筋道鲜美，葱的香气又为其添加了别样的风味，喜欢吃海鲜的人一定要尝一尝这道菜！

第二章　品味黄土地上的厚重
——华北滋味

4　咸鲜浓厚的北京

北京作为祖国的首都，一直受到大众的瞩目。人文景观故宫、天安门、什刹海，地标美食北京烤鸭、老北京铜锅涮肉、炸酱面、豆汁等，都是北京独特的象征。

自秦汉至唐末，北京一直都是我国北方重镇，春秋战国时为燕国国都，后又为辽陪都、元大都、明清国都，是我国政治、文化和国际交往中心。汉、满、蒙、回等各族人民在此定居，国内外各地文化在此交流融合。故而北京菜具有荟萃百家、兼收并蓄的特点。

北京烤鸭

北京烤鸭，北京著名美食，主要食材为北京鸭，用果木炭火烤制而成。北京烤鸭色泽红润，肥而不腻，外焦里嫩，还带着一股果木的清香。

老北京铜锅涮肉

老北京铜锅涮肉代表着正宗的老北京火锅风味。火锅以铜为主要材质，细腰身，小烟口，肚子较胖，底部有火门，内部放炭。肉类食材以牛羊肉为主，尤以手切鲜羊肉最受人推崇。肉片在清汤锅底中汆烫片刻，蘸上芝麻酱、辣椒油、韭菜花，再配上爽口解腻的糖蒜，深受食客们喜爱。白菜、豆腐、粉丝、毛肚等也是老饕（tāo）们钟爱的食材。

炸酱面

炸酱面，北京市的一道传统面食，做法简单，广为南北大众所知。其精髓在于拌面的炸酱，炸酱用干黄酱、五花肉丁等材料炒制而成，酱色鲜亮，口感醇厚。面条则是手擀面，顺滑筋道，再配上黄瓜丝、萝卜丝、豆芽等菜码，滋味厚重，老少咸宜。

豆汁

豆汁，北京市的特色小吃，是用制作绿豆粉或粉条所剩的液体发酵而成。最初，豆汁只在民间流行，后被引入宫廷，成为宫廷饮品。豆汁滋味独特，甜中带酸、酸中有涩，很多人都接受不了它的味道。喝豆汁时一般要配上咸菜丝和焦圈，这样的搭配深受老北京人的喜爱。

5　风味独特的天津

天津作为相声行业的大成之地，其方言自带幽默气质。这座历史悠久的城市，总有一种莫名的魅力吸引着天南海北的人们。当然，这种魅力少不了美食的加持。

天津市位于中国北部偏东、华北平原东北部，地处南运河等五大支流交汇处，是中国北方重要的港口城市和北方的经济中心。因为商业发达，人员交流密切，各地的饮食在这里互相交融，对天津的饮食产生了重要的影响。其中，狗不理包子、十八街麻花、耳朵眼炸糕、煎饼果子等名字有趣、各有特色的吃食，都是天津美食的重要代表。

天津鼓楼

狗不理包子

狗不理包子是“天津三绝”之首。据说，创始人高贵友（小名狗子）在卖包子时因太忙而顾不上与顾客说话，食客们便戏称他“狗子卖包子，不理人”。久而久之，大家都叫他“狗不理”，并把他所卖的包子称为“狗不理包子”。狗不理包子外形美观，形似菊花，皮薄馅大，口味醇香，肉馅鲜嫩，肥而不腻。其馅料包括家禽肉、猪肉、海鲜、时蔬等。2011 年，狗不理包子被评为国家级非物质文化遗产。

十八街麻花

十八街麻花，著名的天津小吃，“天津三绝”之一，至今已有百余年历史。因售卖麻花的店铺“桂发祥”坐落在一条名为“十八街”的巷子里，时间一长，人们便称此麻花为“十八街麻花”。十八街麻花中间有一块由芝麻、桃仁、瓜子仁、青梅、桂花、青红丝等小料配制而成的什锦酥条。十八街麻花色泽金黄，口感酥脆香甜，可以长时间保存。来天津的游客，临走时常常要购买几盒麻花，回去送给亲朋好友。

耳朵眼炸糕

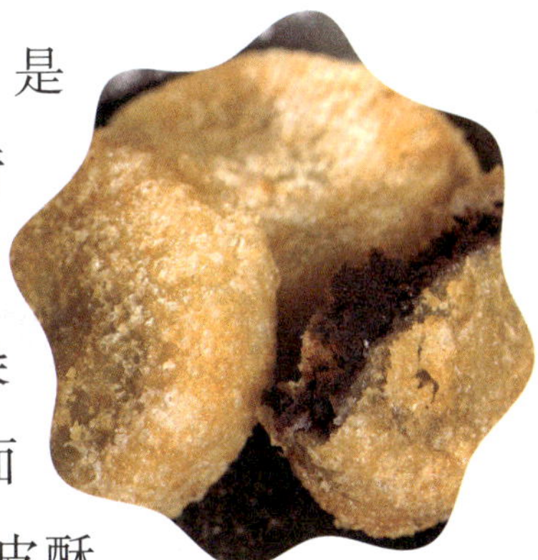

耳朵眼炸糕，“天津三绝”之一，是天津的传统特色小吃。该美食始创于清朝光绪年间，因店铺紧挨着窄小的耳朵眼胡同，人们便风趣地称其为“耳朵眼炸糕”。传统的耳朵眼炸糕用糯米面做皮，以红小豆为馅，色泽金黄，表皮酥脆，内里柔软，豆馅细甜爽口，别有风味。“糕”与“高”同音，因此吃炸糕有步步升高、蒸蒸日上、福寿增高之意。在当年，耳朵眼炸糕是喜宴上必不可少的食物。

6　口味咸香的河北

河北美食深受地理环境和历史文化的影响。河北省地形复杂，物产丰饶，为河北美食提供了物质基础。而河北省悠久的历史文化则赋予了河北美食丰富的精神内涵。

河北省地处中国北部，大部分地区四季分明，主要作物有水稻、小麦、玉米、大豆、花生等。河北人爱吃面食，有“上车饺子，下车面”的说法。河北菜充分利用当地丰富的物产，又吸取了其他菜系的烹饪方法，汤汁浓郁鲜美，口味偏咸，不强调麻、辣、酸等味道。驴肉火烧、金凤扒鸡等都是河北极负盛名的美食。

河北承德坝上风光

驴肉火烧

驴肉火烧，起源于河北保定、河间一带，是闻名全国的美食。火烧有方形和圆形两种，而驴肉通常在大锅中用老汤炖制，浓香软烂。人们把火烧从中间切开，加入伴着老汤的驴肉，入口酥软，香味绵长。

金凤扒鸡

金凤扒鸡，始创于20世纪初，是河北省石家庄市的特色美食，最早的名字是“鸿须利马家鸡”。1984年，马家鸡的经营者注册了金凤扒鸡的商标。金凤扒鸡原料选用的是生长期450天以上的老母鸡，涂抹蜂蜜后入锅炸至金黄，再用老汤和十多种辅料焖煮而成，肉质软烂，易脱骨，滋味醇厚。2006年，金凤扒鸡被认定为首批“中华老字号”。2007年，金凤扒鸡传统手工制作技艺被列入河北省级非物质文化遗产名录。

7　余味悠长的山西

山西省，又称“三晋”，不仅历史悠久，更是农耕文明和游牧文明的交汇地。一代又一代山西人创造的美味佳肴历经岁月洗礼，时至今日依然吸引着八方食客。

山西省位于中国北部、黄土高原东部，地处黄河流域中游，是中华文明的发源地之一，也是中国面食文化的发祥地之一。山西境内的大同、太原、临汾、运城等地都是农业区，主产小麦、高粱、玉米、莜麦、胡麻等。明清两朝，山西商业较为发达，伴随着辉煌的晋商文化，晋菜风靡一时。晋菜选料朴实，讲究搭配，口味以咸为主，酸甜为辅，菜肴具有酥烂、香嫩、重色、重料等特点。山西的美味面食广为人知，各种风味小吃深受人们喜爱，当地的特产山西陈醋更是中国国家地理标志产品，远销海内外。刀削面、过油肉、荞面灌肠等都是极具山西特色的美食。

山西汾河湾风光

刀削面

刀削面，山西省传统面食，流行于山西省及其周边地区。刀削面的面叶中间厚边缘薄，形似柳叶。刀削面的臊子种类繁多，有

西红柿鸡蛋臊子、卤肉臊子、肉丝什锦臊子、素什锦臊子等。吃刀削面，一定要滴几滴山西老陈醋，口味会更佳。刀削面入口外滑内筋，越嚼越香。普通的食材经过山西人的创造，焕发出了别样的生机。

过油肉

过油肉是山西名菜，被誉为“三晋一味”。山西过油肉，主料为猪里脊肉，配菜一般是冬笋、黑木耳、蘑菇、蒜薹(tái)等。刚出锅的山西过油肉色泽金黄，味道咸鲜略有酸味，里脊肉外软里嫩，配菜清脆爽口，汤汁浓郁。

荞面灌肠

荞面灌肠，山西省有名的风味小吃。虽然名为灌肠，但是与灌肠并没有关系，荞面灌肠的食材中不含任何动物内脏。它由荞麦面（一种杂粮面）和白面制成，调制简单，口感筋道细腻，爽滑利口，既可作为小吃，又可直接当作主食，非常适合消暑。荞面灌肠遍及山西省的各个街巷，尤其受到年轻人群的欢迎，它和凉皮、凉粉都是山西人夏天喜欢吃的食物。

8　无肉不欢的内蒙古

说到内蒙古你会想到什么？一望无际的草原、成群的牛羊，还是美味的肉和奶制品？今天我们一起来探索吧。

内蒙古自治区地处中国北部，冬季严寒，降水较少；夏季温暖，降水集中。阴山山脉横贯内蒙古自治区中部，以北为草原、戈壁，南部为河套平原，西南部为鄂尔多斯高原。辖境内水资源较为丰富，是我国重要的畜牧业基地之一。

内蒙古草原风光

长期以来，因为地理位置、自然环境以及生产生活方式等原因，内蒙古自治区的饮食风格较为粗犷豪放，其传统饮食分为白食、红食两种。白食，指的是以奶为原料制成的食品，包括奶茶、奶皮子、奶酪等；红食，指的是以肉类为原料制成的食品，包括手把肉、烤全羊等。这种以颜色来区分不同食物的方式，在中国可谓独树一帜。

手把肉

手把肉，是蒙古族的传统美食。手把肉的食材是刚刚宰杀的膘肥肉嫩的羊。它的做法十分简单，只需把羊肉放入清水锅中，用旺火煮沸，待水滚肉熟，就可以品尝美味了。此时的羊肉非常鲜嫩，食用时可以蘸盐或其他调味汁。到草原旅游的人，品尝一顿地道的手把肉是领略草原风情的不二之选。

烤全羊

烤全羊，内蒙古的一道代表性美食，历史悠久，是元朝宫廷御宴“诈马宴”中不可缺少的美食，更是元朝皇帝犒赏将士，接待王公贵族的顶级佳肴。内蒙古烤全羊选用的食材是1—2岁膘肥体壮的绵羊，烤制完成的全羊色泽红亮，皮脆肉嫩，肥而不腻，酥香可口。

奶皮子

奶皮子，蒙古语称为“乌如木”“乌日莫”，意思是“白色的食品”。奶皮子的主要原料是牛奶、羊奶、马奶、骆驼

奶等鲜奶。勤劳的内蒙古人把鲜奶倒入锅中后，用慢火熬煮，并不断搅动，关火后让锅中的鲜奶自然冷却，待其表面结出一层奶皮后，用筷子将奶皮挑起，挂在通风处晾干。奶皮子是鲜奶中的精华，一般八斤左右的鲜奶才可制成约一斤的奶皮子。奶皮子上满布蜂窝状凹痕，入口柔软，绵滑细腻，奶味浓厚，是内蒙古人待客的上品。

资料卡

羊性情温顺，繁殖力强，很早就被人类驯养，成为六畜之一。羊是一种瑞兽，在中国传统文化中占有重要地位，是中国古代用于祭祀的三牲之一。因为“祥”为“羊”的谐音，所以人们就把“吉羊”视为“吉祥”。羊对于中国人而言，具有吉祥如意、富贵喜乐、善良美好等寓意。很多贵重器物都以羊为造型或者上面有羊的纹样，如商代妇好墓出土的玉羊首。另外，很多关于羊的词语也有吉祥之意，如三阳开泰、九羊启泰等。在民间，一些地区在重大节日或者迎亲嫁女时，都会送羊以示庆贺，寓意吉祥如意。

第三章　那些记忆中的味道

——华中韵味

9　平和适口的河南

河南省历史文化底蕴深厚，这里不仅有雍容华贵的牡丹、“天下第一名刹”少林寺，还有中国最早的文字——殷墟甲骨文。如此深厚的文化底蕴孕育了哪些美食呢？本篇文章带你一探究竟！

河南黄河边金黄色麦田

河南省，简称“豫”，有“中原”“中州”之称，是中华文明的重要发源地。在古代，河南曾长期是我国的政治中心。在中原传统文化的带动下，豫菜深谙“中庸之道”，讲究守中求和、五味和谐之美，而且有“烹调之圣”之称的伊尹就诞生于此。我们现在熟知的豫菜就是在宫廷菜、官府菜、市井菜、寺庵菜的基础上发展而来的。烩面、胡辣汤、灌汤包、鲤鱼焙(bèi)面等都是独具特色的河南美食。

烩面

烩面，河南省传统特色美食，以味道鲜美、经济实惠而享誉国内。依据不同的配料，烩面可以分为羊肉烩面、牛肉烩面、三鲜烩面、五鲜烩面等诸多种类，其中最经典的是羊肉烩面。羊肉烩面选用新鲜的羊肉煲汤，小麦粉做面条，辅料为海带丝、豆腐丝、黄花菜、粉丝、香菜等。羊肉烩面汤色奶白，味道鲜美，面条顺滑，肉香醇厚，营养丰富，四季皆可食用。尤其在冬天，一碗热气腾腾的烩面可驱散冬日的严寒。

胡辣汤

胡辣汤，河南省著名小吃，种类丰富多样，传承历史悠久，起源时间可以追溯到宋朝时期。胡辣汤主要由胡椒粉、牛肉粒（或羊肉粒）、骨汤、淀粉、细粉条、黄花菜、花生、木耳、千张丝等食材制作而成。胡辣汤味道浓郁，汤汁黏稠，香辣可口，开胃醒神，十分适合搭配馒头、油条、包子等面点一起食用。在冬天的早上，一碗胡辣汤下肚，鼻头会微微渗出细汗来，整个身子都是暖洋洋的。切记哟，胡辣汤虽然美味，但是吃多了是会上火的。

灌汤包

灌汤包是河南省传统特色小吃，其中开封灌汤包最为出名。制作灌汤包的主要食材有面粉、五花肉等。蒸好的灌汤包小巧玲珑，皮薄馅多，汤汁鲜美，提起像灯笼，放下像菊花。吃灌汤包讲究的是：“先开窗，后喝汤，一口吞，满口香。”灌汤包作为一种兼具形式美与内容美的食品，如开封这座城市一样，极具魅力。

鲤鱼焙面

鲤鱼焙面，全称“糖醋熘鱼焙面”，是豫菜中的经典名菜，由“糖醋熘鱼”“焙面”两道菜配制而成。焙面，也称龙须面，起初是用水煮食的，后经过不断调整，改为过油炸焦，使其变得蓬松酥脆。面条吸汁后，配菜肴同食。此外，厨师主要采用黄河出产的鲤鱼，鱼肉鲜美肥嫩，甜中透酸，酸中微咸。糖醋熘鱼和焙面，二者相得益彰，别有风味。

拓展阅读

焙面，据说源自明清时期，据《如梦录》记载，明代河南有些地区每逢“龙抬头”（农历二月初二），官府、民间都以细面相赠，寓意吉祥，赠的面被称为“龙须面”。后来，人们将炸好的龙须面盖在了糖醋熘鱼上，创制了糖醋熘鱼焙面这道菜。

10　香辣咸鲜的湖北

1978年，人们在湖北省随州市发现了一处古墓——曾侯乙墓，墓主下葬年代距今已有2000多年。考古人员除了在墓中发掘出大量礼乐器、兵器、竹简等，还发现了数量众多且精妙绝伦的饮食器具，如冰镇食物的铜鉴、煎烤食物的炭炉、过滤酒糟的漏斗等。从这些饮食器具中，人们可以窥见那个时代饮食文化的一角。那么，2000多年后的今天，湖北的美食有了怎样的变化呢？

湖北省，古为荆楚之地，位于我国中部、长江中游、洞庭湖以北。湖北省东、西、北三面环山，中南部为长江和汉江冲积而成的江汉平原。省内湖泊众多，有“千湖之省”的称号，是全国著名的淡水鱼产区之一。湖北省还是著名的鱼米之乡，湖北人的主食以稻米为主，他们擅烹淡水鱼鲜，因此这里的美食富有江南水乡特色。清蒸武昌鱼、糊汤粉、热干面、三鲜豆皮等都是湖北独具特色的美食。

湖北荆门油菜花田

清蒸武昌鱼

清蒸武昌鱼，是湖北省的一道传统名菜，以新鲜的武昌鱼为主料，配以冬菇、冬笋等食材。武昌鱼，又名团头鲂，原产

于湖北一带的江河中，肉质细嫩肥美，营养价值较高。

清蒸是烹饪武昌鱼的经典做法。此菜品鱼形完整，色白明亮，鱼身缀以葱丝、姜丝等配料。清蒸武昌鱼常作为筵席上的“大菜”出现，鱼肉口感滑嫩、鲜美，汤汁清澈，淡爽鲜香，还带有葱丝、姜丝的香气。对于爱吃鱼的人来说，清蒸武昌鱼实在是不可错过的美食。

糊汤粉

糊汤粉是湖北特色美食，食材以圆米粉、小鲫鱼为主。糊汤粉的汤汁用小鲫鱼熬制而成，经过长时间熬制，鲫鱼被熬得骨酥肉烂，经纱布过滤掉渣滓后，锅内只剩浓汤。糊汤粉的米粉，是用籼米制成的。将米粉汆烫后，倒入碗中，再浇上一大勺鱼糊汤，撒上胡椒粉、葱花、虾皮和闪着油光的咸菜丁，一大碗散发着鲜味的糊汤粉就制作好了。糊汤粉味鲜汁浓，还带着一点清甜，米粉洁白细长，细腻柔韧。当地人习惯把油条掰成小块泡进糊汤粉中，一口油条，一口米粉，滋味极其鲜美。

热干面

热干面，原名麻酱面，湖北省武汉市一种著名的特色小吃，是当地人“过早”（即吃早点）的美味佳肴。武汉热干面采用碱水面，面条结实且有弹性，色泽淡黄而油润，拌以香油、酱油、芝麻酱、萝卜干、酸豆角、香葱等配料，色香味俱全。热干面热量很高，作为主食可以快速补充人体所需的能量。在武汉湿冷的冬天，过早的人手里端着一碗热干面，快速搅拌，挑起面条放进嘴里的时候，一定是满口生香，快乐又满足。

三鲜豆皮

三鲜豆皮，湖北省武汉市著名的特色小吃，也是武汉人的早点之一，由大米、绿豆、糯米、鲜肉、鸡蛋、香菇、笋、豆干等食材制作而成。三鲜豆皮色黄味美，鲜香可口，外酥里嫩，深受人们的喜爱。

11　浓香鲜辣的湖南

湘菜久负盛名，是我国传统的八大菜系之一，在丰富多彩的中国菜系中独树一帜。那么，湘菜都有哪些特点呢？

湖南梯田风光

湖南省位于我国中南部、长江中游南部，气候温暖湿润，河湖广布，土地肥沃，是我国传统农业的发祥地之一。这里自古盛植木芙蓉，故有“芙蓉国”之称。因气候的关系，湖南人普遍嗜（shì）辣，同时又讲究食材的相互搭配，注重色浓味美，故而湖南的美食可谓丰富多彩，赢得了全国各地人的喜爱。湖南菜可大致分为官府菜、市井菜等，食材以山珍、渔产、家禽、家畜为主。我们熟悉的剁椒鱼头、臭豆腐、酱板鸭等都是当地的特色美食。

剁椒鱼头

剁椒鱼头，也被称作“鸿运当头”，是湖南省的传统名菜。此菜通常选用肉质较厚的鱼头，辅以湖南特有的剁椒以及豉油、姜、葱、蒜等蒸制而成，寓意红红火火、年年有余。剁椒鱼头口感鲜嫩滑糯，味道浓郁，带有剁椒特有的咸辣味，在湖南的很多餐馆都能吃到。

长沙臭豆腐

长沙臭豆腐，湖南省长沙市的一道特色美食，是将发酵好的豆腐炸制后，配以剁椒、香菜、蒜等制作而成。长沙臭豆腐外焦里嫩，鲜香微辣，初闻臭气扑鼻，吃起来浓香怡人。不过在生活中，喜欢吃臭豆腐的人和不喜欢吃臭豆腐的人各自立场鲜明，喜欢它的人对它赞不绝口，不喜欢它的人对它避之不及。

酱板鸭

酱板鸭，湖南特色美食，选用洞庭湖蛋鸭，配以 30 多种中药、10 多种香料，经过风干、烤制等 15 道工序精致而成。成品酱板鸭色泽深红，麻辣咸香，回味悠长。一块酱板鸭入口，舌头上的味蕾顿时被激活，让人欲罢不能。

第四章　一场优雅的美食之旅
——华东滋味

12　咸鲜纯正的山东

山东省是鲁菜的发源地，鲁菜讲究雍容大气、中正平和，是我国八大菜系之一。坐拥渔盐之利的鲁菜有哪些特别之处呢？

山东省位于我国东部沿海、黄河下游，历史上是齐国和鲁国所在地，因此人们也称其为齐鲁大地。山东省是全国重要的粮食和经济作物产区，其粮食产量位居全国前列，也是北京、上海等大城市的蔬菜市场的主要供货地，故而又被称为全国最大的“菜篮子”。山东省还盛产苹果、樱桃、梨、葡萄等水果，是著名的水果之乡。而且因为山东省濒临渤海和黄海，还盛产对虾、螃蟹、扇贝、鲍鱼、海胆、海带、裙带菜等海产品，是中国重要的水产品生产地。物阜民丰的山东省，究竟有哪些美食呢？我们来探索一下吧！

山东泰山云海

山东煎饼

山东煎饼，山东省久负盛名的特色美食，历史悠久，具体起源年代已经难以考证，但传说孟姜女哭长城时所带的食物就是煎饼。制作山东煎饼的食材包括小麦粉、红薯粉、玉米粉、高粱粉、大豆粉等，薄软如纸，色泽金黄，香气扑鼻。新鲜出炉的煎饼吃起来松酥甜脆，一口咬下去，满口留香。而且，山东煎饼的吃法相当丰富，既可以搭配大葱和甜面酱一起吃，也可以卷着肉丝、咸鱼、海带丝、鸡蛋、辣椒、虾皮等一起吃。

德州扒鸡

德州扒鸡，鲁菜中的经典代表之一，它的制作技艺已成为国家级非物质文化遗产。德州扒鸡，又名“五香脱骨扒鸡”，制作时加入花椒、大料、桂皮、白芷、丁香、陈皮、生姜等多种药材，故称“五香”；熟制后，提起鸡腿一抖，肉骨便会自行分离，称为“脱骨”。

德州扒鸡色泽金黄，肉烂骨酥。据说清朝乾隆皇帝十分喜欢德州扒鸡，为了吃到新鲜的扒鸡，甚至把制作德州扒鸡的名厨调入了御膳房。

拔丝山药

拔丝山药，山东省特色美食，是一道老少皆宜的甜品。这道菜香甜脆嫩，十分可口。吃的时候得趁热，夹起一块山药，糖丝能拉得很长。但是一定要记住，吃拔丝山药时不能心急，蘸下凉水才不会烫嘴巴。

油旋

油旋，又名“油旋回”，山东省特色小吃，因呈螺旋形，故名。油旋由面粉烙制而成，虽然不起眼，但制作工艺却不简单。传统的油旋饼由 60 多层薄如纸的面皮叠压而成，因此有些人吃油旋时喜欢一层层地剥着吃。油旋表面呈金黄色，外皮酥脆，内瓤柔软，具有浓郁的葱油香和麦香。

13　清鲜雅致的江苏

江苏省物产丰饶，这里的人们在制作美食时注重保持食材的原汁原味，口味清鲜，浓而不腻，淡而不薄，细致精美，深受人们的喜爱。今天就让我们来了解江苏美食吧！

江苏兴化垛田美景

江苏省位于我国东部沿海、长江下游，境内平原广阔、河湖密布，是全国著名的河网区。江苏省农业发达，盛产水稻、小麦、棉花等农产品，而且这里的淡水渔业也很发达，是著名的鱼米之乡。江苏省的饮食别具一格，口味清鲜平和，甜咸浓淡适中。悠久的历史文化、精致的烹饪技艺赋予了江苏美食清鲜雅致的独特风格。

松鼠鳜鱼

松鼠鳜鱼，也称“松鼠桂鱼”，是江苏菜的代表之一，因菜品形似松鼠，故得名。松鼠鳜鱼这道菜有色有香，有味有形，而且还有声。当炸好的松鼠鳜鱼被端上桌时，厨师会随即浇上热气腾腾的卤汁，“松鼠”便会“吱吱”地叫起来，这种独特的食用体验极大地刺激了食客们的食欲。松鼠鳜鱼外脆里嫩，酸甜可口，在海内外久享盛誉。

盐水鸭

盐水鸭，又名“桂花鸭”，是江苏省南京市的标志性美食。南朝时，南京的鸭肴就已声名在外，现在南京市的街头巷尾随处可见盐水鸭、板鸭、香酥鸭、酱鸭等美食，因此赢得了“金陵鸭肴甲天下”的美誉。

盐水鸭最能体现鸭子的本味，口味清淡而略带咸味，皮白肉嫩、肥而不腻，尤以八月桂花飘香时的盐水鸭最为味美，因此这时的盐水鸭也被称为“桂花鸭”。对很多南京人来说，有什么美味能超过盐水鸭呢？

鸭血粉丝汤

鸭血粉丝汤，江苏省久负盛名的特色名吃，由鸭血、粉丝、鸭肝、鸭肠、鸭胗、炸豆腐、鸭汤等制作而成。鸭血粉丝汤的汤汁浓郁，鸭血嫩滑，鸭肠爽脆，鸭肝软糯，碧绿的香菜漂浮其上，口味鲜香、爽口，可谓色、香、味俱全。如今，鸭血粉丝汤已经风靡全国。饿的时候，一碗刚出锅的鸭血粉丝汤不仅能满足你的味蕾，也能填饱你的肚子。

14 味鲜浓郁的安徽

安徽菜，即“徽菜”，是中国八大菜系之一，据说起源于北宋时期的古徽州（今安徽省歙县一带）。徽菜的形成与徽商的兴起和发迹有密切关系，徽商的活动范围广，资本雄厚，又偏爱家乡风味，这些都对徽菜的发展起到了重要的推动作用。

安徽省位于我国东部，长江、淮河中下游，地形以平原、丘陵、低山为主，河流、湖泊众多。气候温和湿润，盛产水稻、棉花、小麦、大豆、芝麻等农产品。徽菜由皖南、皖北、合肥、淮南、皖江五大风味构成，各具特色，但主要原料大多取材于安徽本地，口味以咸鲜为主。

安徽宣城乡村风光

淮南牛肉汤

淮南牛肉汤，是安徽省淮南市的一道特色小吃，也是全国知名的“网红”小吃。淮南牛肉汤以牛骨头熬汤，配以牛肉、香菜、葱花、粉丝、干丝等，味道醇厚鲜香。

拓展阅读

据传西汉时期，淮南王刘安在八公山上炼丹，饭菜送到山上时早已凉了。厨师苦思良久，终于想出一个方法。他取牛骨熬汤，把配菜与汤汁一同担上山去。由于油脂覆盖在汤的表面，因此牛骨汤得以保温。淮南王尝后赞不绝口，牛肉汤便成了刘府秘膳，后来才流入民间。

臭鳜鱼

臭鳜鱼，又名“腌鲜鳜”，“腌鲜”就是臭的意思。臭鳜鱼有红烧、干锅、铁板等多种做法，但不管哪种做法，都突出其臭中带香的独特风味。很多年前，食物保鲜对人们来说是一大难题，于是小贩们就将盐撒在新鲜的鳜鱼上。这样鳜鱼经过几天长途运输后，依然能保持新鲜，只是有些发酵后的“臭”味，经过烧制后，鱼肉紧实鲜嫩，很有弹性。因此，臭鳜鱼便成了安徽人桌上的一道美味佳肴。近些年，臭鳜鱼“走南闯北”，凭借其独特的口感和味道，收获了众多人的喜爱。

三河米饺

三河米饺，安徽省合肥市的著名小吃，饺子皮用籼米粉制成，馅料则由猪肉、豆腐干、葱末、姜末等食材调制而成，包好的饺子放入菜籽油中炸至金黄色后就可以食用了。三河米饺咸鲜适口，质地松软，入口后米香和肉馅的香味会一起在口腔中迸发出来。

黄山烧饼

黄山烧饼，又名“救驾烧饼”，是安徽省传统特色小吃。黄山烧饼通常以面粉、猪肉、梅干菜、芝麻等为原材料，经过一系列复杂的制作工艺后烤制而成，体形小巧，携带方便，且不易变质。刚出炉的黄山烧饼香味浓烈、色泽金黄，吃起来既酥又脆，满口留香，如果再搭配一碗冰凉的绿豆粥，那就真是一场舌尖上的盛宴了。

15　清鲜有味的浙江

浙江省气候温和湿润，山清水秀，有“淡妆浓抹总相宜”的西湖、“涛似连山喷雪来”的钱塘江，还有清幽婉约的江南水乡乌镇，如此秀丽的地方一定有很多令人动容的美食。哪种美食最对你的胃口呢？一起来看看吧！

浙江省位于我国东南沿海长江三角洲南翼，东临东海。境内最大河流为钱塘江，因江流曲折，曾被称为“折江”，浙江省的名字由此而来。位于东海之滨的浙江省盛产海味，拥有中国最大的渔场——舟山渔场。省内湖泊、河流众多，是我国重要的淡水养殖基地之一，故而浙江菜对鲜味有着执着的追求，“味要清鲜，不可淡薄”是浙江菜的特点。历史悠久、地理位置优越、物产丰富的浙江省，拥有许多富有地方特色的菜肴，它们共同构成了选料考究、制作精细的浙江菜。

浙江舟山渔场

东坡肉

东坡肉，浙江省传统名菜，全国知名美食。宋朝时，大文豪苏东坡被贬黄州后创制了这道菜。他被调任到杭州后，这道菜受到了当地百姓的喜爱，被命名为“东坡肉”。此后，东坡肉逐渐从市井走上了文人墨客的餐桌。在时间的滋润下，东坡肉被不断改良，演变成今天我们看到的模样。制作东坡肉的原料通常选用五花肉，加入葱、姜、冰糖、黄酒等调料后，由小火煨制而成。成品菜色亮如玛瑙，味道醇厚，口感咸甜香糯，肥而不腻。

龙井虾仁

龙井虾仁，浙江省传统名菜，独特的风味得益于龙井茶。龙井茶以明前龙井最佳，明前龙井是清明节前采摘的茶叶，是龙井中的佳品。虾仁选用的是江南水乡的青虾，肉质弹性好，腥味较淡。虾仁与茶叶的结合令人耳目一新，虾仁玉白鲜嫩、透着粉色，茶叶清香、碧绿。虾仁的鲜香和龙井茶的清香交织，二者相互衬托，口味层次丰富，食后清口开胃，令人回味无穷。

金华火腿

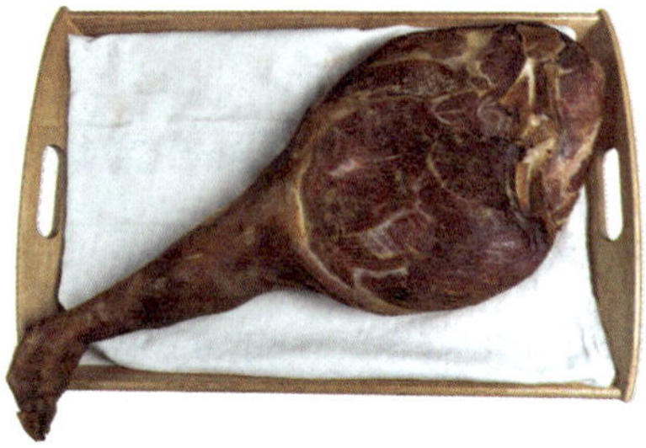

金华火腿，浙江省特产，是美誉远扬的中华美食之一。金华火腿选用猪前腿、后腿，经过低温腌制、脱水、晾挂、发酵等工序制成。品质良好的火腿形如琵琶，瘦肉呈玫瑰色，肥肉晶莹透亮，味道鲜美，且在自然温度下可储存三四年。

宁波汤团

宁波汤团，浙江省传统名点，用黑芝麻、猪油、白砂糖做馅，糯米粉为皮。人们将汤团放入沸水锅中煮熟后，捞入碗中，撒上少量白糖和桂花食用。煮好的汤团皮薄而滑，白如羊脂，吃起来油香四溢，非常受人欢迎。

16　糖重色艳的上海

上海是一座摩登城市，这里的小吃品种繁多，兼具南北风味，选料严谨，不同时节有不同的特色，吸引着来自世界各地的游客。今天，让我们一起来了解上海的美食吧！

上海东海大桥

上海市地处长江三角洲，地势低平，河港交织，是中国重要的经济中心和世界特大港口城市。这里的美食兼具中国南北的特色，又受外来文化的影响，呈现出多元化、兼容性、创新性等特点。上海菜主要由本帮菜和海派菜两部分构成。本帮菜，即本地风味菜，具有浓油赤酱、咸淡适口、色泽红亮、卤汁浓厚、肉质肥嫩等特点。海派菜则是在上海开埠后形成和发展起来的。

开洋葱油拌面

开洋葱油拌面，上海市的风味名点，是上海人最熟悉的味道之一。“开洋”指的是海米。开洋葱油拌面，顾名思义就是指加了海米的葱油拌面。

地道的开洋葱油拌面，面条滑爽，海米鲜美，葱油喷香，深受广大食客的喜爱。

生煎包

生煎包，又名“生煎馒头”，是上海市的特色美食，各地因习俗不同，口感略有差异。

生煎包以面粉和猪肉为主要制作材料，包好的包子放在平底锅内，用油煎至金黄色后撒上葱花和芝麻，香味便扑鼻而来。生煎包个头小巧，皮薄且酥，肉嫩多汁，脂香四溢，是游客不可错过的美食。

蟹壳黄

蟹壳黄，上海市经典美食，因其形圆色黄犹如蟹壳而得名。初次听到蟹壳黄的人很可能误以为它是海鲜，其实它是用发酵的面加油酥制成皮后再包馅制成的酥饼。蟹壳黄有甜味、咸味之分。甜的蟹壳黄主要以白糖、猪油做馅，也有的以玫瑰、枣泥、豆沙等为馅；咸的蟹壳黄以肉丁和干菜为馅，有的还要加进蟹粉、虾仁等食材。蟹壳黄色泽金黄，油润却不腻，香脆酥松。

17　咸鲜兼辣的江西

江西菜，又名“赣（gàn）菜”，具有极强的包容性和开放性。江西菜食材丰富，调味传统上注重突出食物本味，发展创新后又出现了新复合味型的菜品。今天我们就来了解江西美食吧！

江西省位于我国中南部，地处长江中下游以南，以山地、丘陵地形为主。春季多雨，夏季炎热，秋季干燥，冬季阴冷，这样的环境使得江西人喜食香辣和咸鲜口味的美食。江西菜讲究味浓重油，注重原汁原味，有“鲜辣香醇，味和天下”的特色。

粉蒸肉

粉蒸肉，江西省特色美食，米粉由大米磨制而成，肉为五花肉。肉经过腌制后，裹上米粉，逐片码在碗里，放入蒸锅里蒸熟即可。粉蒸肉肥瘦相间，口味可甜、可咸、可辣，还可以加入香菇、土豆、南瓜、红薯等配菜。

据说，江西当地人每年立夏这一天都有蒸上一碗粉蒸肉的习俗，称之为“撑夏”。

瓦罐汤

瓦罐汤，江西省特色美食，在全国很多餐馆中都能吃到。瓦罐汤是放在一个大的瓦缸中煨制而成的。众多的小瓦罐整齐地码放在大瓦缸内的铁架上，大瓦缸底部是炭火，小瓦罐中的食物就这样被慢慢煨熟。一个个小小的瓦罐中装着各式食材，经过几个小时煨制，食材软烂，汤汁浓厚。

瑞金牛肉汤

瑞金牛肉汤，又名“兜汤”，是江西省瑞金市的传统名吃，以牛肉和生姜为主要食材。刚出锅的牛肉汤非常诱人，牛肉呈暗红色，包裹着一层红薯粉；汤呈淡淡的棕色，与葱花、香菜相互呼应。牛肉汤味道鲜美，最适合在寒冷的冬天喝。早上来一碗牛肉汤，可以驱散身上的寒气。

拓展阅读

江西流传着这样一首歌谣：“红米饭，南瓜汤，秋茄子，味好香，餐餐吃得精打光。干稻草来软又黄，金丝被儿盖身上，不怕北风和大雪，暖暖和和入梦乡。”这里所说的红米就是井冈山红米，因米皮呈酱红色而得名。当年，红糙米是红军在井冈山进行革命斗争的主要口粮。由于当时稻谷加工条件很差，红糙米的稻皮又比较坚韧，因此加工出来的红米都较粗糙，口感差。即使吃的是这样的粮食，战士们也很乐观，吃得津津有味。今天，我们的幸福生活是革命先辈抛洒热血换来的，我们应当牢记革命先辈的功绩，节约粮食。

第五章　令人神往的南国风味
——华南美味

18　味喜清鲜的广东

提到广东美食，人们常常会想到“食在广州”这句话。能在我国八大菜系中占有一席之地，广东美食一定有它的独到之处。

广东省，简称“粤”，位于我国大陆南部，濒临南海，海岸曲折，多港湾，深受季风和海洋暖湿气流影响，降水充沛。广东省是我国的经济大省，其农业和渔业很发达，香蕉、荔枝、龙眼等水果产量高，海洋捕捞和淡水养殖业在全国也占有重要的地位。作为全国著名的商埠，这里是人才与美食的汇集之所。粤菜，是中国八大菜系之一，历史悠久，讲究味道鲜美，追求色、香、味、形兼具，在国内外享有很高的声誉。

云吞面

云吞面，又名“细蓉”，广东省特色美食，深受人们的喜爱。云吞由北方的馄饨发展而来。一碗正宗的云吞面，云吞爽滑美味，面条筋道弹牙，汤底厚重鲜香。广东人喜欢将米饭作为主食，但对云吞面的热爱却丝毫不减，也许那一碗云吞面承载的不仅是简单的味觉享受，还包含着烟火气息和深入骨髓的乡土记忆。

广式早茶

广式早茶，广东省早点小吃的统称，喝早茶是广东人的

老传统。广式早茶虽然以“茶”命名，但茶水已经不是早茶的主角了，精致多样的茶点才是早茶的灵魂。其中较有代表性的早茶茶点包括虾饺、叉烧包、干蒸烧卖、酥皮蛋挞。虾饺形态精致玲珑，味道鲜美香醇；叉烧包外皮爆口微微露馅，口感甜咸适中；干蒸烧卖外形饱满精致，口感鲜香爽口；酥皮蛋挞外观金黄诱人，口感香甜醇厚。

想想看，早晨和亲朋好友一起，边饮茶，边吃各种精致美味的点心，该多么美妙啊！

广式煲仔饭

广式煲仔饭，因广东称砂锅为煲仔，故得名。广式煲仔饭历史悠久，口味种类多样，传统品种主要有豆豉排骨饭、腊味饭、香菇滑鸡饭、黄鳝饭、白切鸡饭、咸鱼腊肉饭等，米通常选用丝苗米。好吃的煲仔饭有两个明显的特征，一个是声音，揭开盖子把与煲仔饭一同端上桌的调味汁浇在饭上，有嗞嗞的响声；另一个是锅巴，晶莹剔透的丝苗米，在光滑砂锅的焖煮下，底部被烧出一层金黄的锅巴，脆而焦香，这是煲仔饭的精华所在。

19　口味鲜明的广西

在我国种类繁多的美食中，广西美食以其风味之独特复杂，在美食界自成一派。有人曾表示，广西是中国饮食最复杂的地方。今天，让我们一起来感受广西美食的魅力吧。

广西桂林漓江风光

广西壮族自治区位于我国南部，南邻南海北部湾，西南与越南毗(pí)邻，境内广泛分布着石灰岩，形成了著名的喀斯特地貌，奇峰挺拔，山水秀丽。这里多热带、亚热带植物，盛产稻、玉米、薯类、甘蔗、油茶、水果等农产品，水产资源也很丰富。而且这里还有很多驰名中外的特产，如桂林马蹄、荔浦芋头、信都三黄鸡等。广西自古以来就是商贾云集之地，因此这里的美食也多种多样。广西美食讲究味道丰富，清香咸鲜、微辣酸甜是它的主要特点。

柳州螺蛳粉

柳州螺蛳粉，广西柳州市的特色美食，如今已流传到全国各地，成为著名的“网红”美食。关于螺蛳粉的起源有多种说法，其形成是一个不断改良制作技艺的过程。螺蛳粉的食材以螺蛳汤料、腐竹、酸笋、米粉等为主，酸笋的独特酸臭味与汤料的鲜味相互交融，赋予螺蛳粉酸辣爽口的独特口味。

五色糯米饭

五色糯米饭，又名“乌饭”，选用优质糯米，用紫番藤、黄花或黄姜、枫树叶、红蓝草等的汁液染制后蒸制而成。五色糯米饭以黑、红、黄、白、紫几种颜色为主，清香可口。每年农历三月初三或清明节，广西人民一般会制作五色糯米饭，寓意吉祥如意、五谷丰登。

老友粉

老友粉，广西特色小吃，距今已有百年历史。据传，广西南宁市有一老翁每天都去一个茶馆喝茶，有一天因风寒没有去茶馆。茶馆老板挂念老翁，便用爆香的蒜末、豆豉、辣椒、酸笋、牛肉末、胡椒粉等，煮成一碗热米粉，送给这位老翁吃。老翁吃后出了一身汗，病状减轻后便送给茶馆一块“老友常临”的牌匾，老友粉由此得名。老友粉酸辣咸香，吸引着八方食客前来品尝。

玉林牛巴

玉林牛巴，广西玉林市的特色美食。据传，广西玉林的一个商贩曾用牛车运货，不料牛失足摔死。商贩舍不得将牛丢弃，便把宰割好的牛肉腌起来，晒成牛肉干。回家后，他把咸牛肉加上各种调料煸炒、煨制。牛肉出锅后香气扑鼻，左邻右舍闻香而至，主人便热情地请乡邻共同品尝，席间众人无不称赞肉香味美。商贩把这些牛肉干称为“牛巴”，当街售卖，后来就逐渐成了一种广受欢迎的风味美食。

20　甜酸咸香的福建

福建省，简称“闽”，凡具有该省烹饪特色的菜肴均可称为“闽菜”。提到“闽菜”，人们可能会有一些陌生感，实际上，闽菜的影响早已随着遍布大江南北的沙县小吃深入我们的生活中。那么，除沙县小吃之外，闽菜还有哪些代表呢？

福建省位于我国东南沿海，与宝岛台湾隔海相望，面临大海，背后是群山，有“八山一水一分田”之称，气候暖热，雨水充沛。福建省不仅自然风光秀丽，而且资源得天独厚，其特色农产品在全国占有重要地位，如亚热带水果、茶叶、食用菌、蔬菜、花卉等。该省也是中国重要的海洋大省，经济鱼类有 200 多种，如带鱼、大黄鱼、鳗鱼等。独特的自然环境和丰富的物产造就了以烹饪山珍海味著称的闽菜。

福建武夷山茶园

佛跳墙

佛跳墙，又名“福寿全”，是福建省一道特色名菜。佛跳墙的食材包括鲍鱼、海参、鱼翅、干贝、鱼唇、花胶、火腿、猪肚、蹄筋、冬菇、冬笋等多种山珍海味。

佛跳墙制作工艺繁杂，在煨制过程中以干荷叶封口。待到轻掀荷叶开坛，满屋飘香。鱼翅、鲍鱼等食材本就是珍馐，再经过特

有制作技艺的烹饪，成就了一坛名冠天下的美味。诗云：“坛启荤香飘四邻，佛闻弃禅跳墙来。”正是对这道菜的赞誉。2008年，福建聚春园佛跳墙制作技艺被列入国家级非物质文化遗产名录。

七星鱼丸

七星鱼丸，福建省特色美食，是用鱼肉、猪肥膘等原料制成的。鱼丸汤是福建省传统汤菜，汤底咸鲜清爽，鱼丸外观雪白、富有弹性，肉馅丰富并带有汤汁，每一口咬下去都香气四溢。

海蛎(lì)煎

海蛎煎，又名“蚵(kē)仔煎”，是福建省闽南地区的美味，制作食材主要是海蛎、鸡蛋、红薯粉等。海蛎煎口感滑嫩鲜美，被红薯粉和蛋液包裹着的海蛎，不仅没有腥味，而且海鲜特有的鲜香被保留下来，如果再配上甜辣酱或番茄酱，就更美味了。很多吃不惯海蛎的人，在面对海蛎煎时，也会被它的鲜香可口征服。

21 细腻美味的海南

大国之南四季如春，物产丰富，这里就是我国最南端的省份——海南。虽说海南是一个与海密切相关的省份，但这里的美食却不仅仅只有海鲜……

海南省，古称“珠崖”“琼崖”，位于我国的南海海域中，地处热带，海域广阔，岛屿众多，雨量充沛，植物繁茂，具有典型的热带海岛自然特征。该省热带作物种类繁多，主要有橡胶、椰子、咖啡、胡椒、油棕等。得天独厚的自然资源，特色鲜明的热带风情，使海南的饮食文化别具一格。

海南三沙市风光

白切文昌鸡

白切文昌鸡，海南省久负盛名的传统菜色。白切文昌鸡用海南省文昌市特产的文昌鸡浸煮而成，鸡肉鲜美细嫩、爽口味美，可以蘸着咸香口味或酸甜口味的佐料吃。

清补凉

清补凉，海南省特色美食，传统做法以红豆、绿豆、薏米、花生为基础食材，豆类需提前浸泡并慢火熬煮至软烂，汤底采用清甜不上火的椰糖或红糖水。根据不同食客的口味，可在清补凉中添加通心粉、红枣、鹌鹑蛋、菠萝蜜、芒果等。随着旅游业发展，清补凉衍生出多元化形态：传统派保留糖水基底，创新派推出椰奶、沙冰等新口味。

椰子鸡

椰子鸡，海南省特色美食，制作食材主要是椰子水和鸡。椰子鸡味道咸鲜，椰味芬芳，汤汁清爽，鸡肉嫩滑。相传黄道婆在烹制文昌鸡时，将饮用的椰子水倒入锅中，香甜的椰子水使鸡肉散发出诱人的清香，黄道婆对这道菜赞不绝口，将其命名为椰子鸡。她将椰子鸡的制作方法传授下去，从此椰子鸡广为流传，成为海南省的特色美食。

第六章　奏一曲火与冰的变奏
——西南风情

22　麻辣鲜香的四川

川菜历史悠久，地方风味浓厚，其味型之多，居八大菜系之首。火锅、鱼香肉丝、担担面、回锅肉、水煮鱼、宫保鸡丁等麻辣鲜香的菜肴早已深入我们的日常生活中。那么，你对川菜都有什么了解呢？

四川省，简称川或蜀，位于我国大陆西南腹地、长江上游。宋朝在此地设置西川路和峡路，后分置益、梓、利、夔(kuí)四路，合称为“川峡四路”，简称为“四川路”，后来“四川”便沿用下来。四川省物产富饶，自古就有“天府之国”的美称。

川菜多用“三椒”（辣椒、花椒、胡椒）和“三香”（葱、姜、蒜）等调味料，取材多为山珍江鲜与家常时蔬，口味多变，包含鱼香、麻辣、红油、蒜泥、姜汁、陈皮、怪味等，有“食在中国，味在四川”之说。

四川黄龙溪油菜花田

担担面

担担面，四川省传统美食，因早年由小贩挑着担子沿街叫卖，故得名。担担面的面条细薄爽滑，汤汁浓香，肉沫酱红，口感咸鲜微辣，常作为宴席上的一道小吃。

麻婆豆腐

麻婆豆腐，家喻户晓的川味美食，将川菜麻辣的特点展现得淋漓尽致。清朝同治年间，成都万福桥边有一家饭店，这家饭店的老板娘脸上有麻点，人称陈麻婆。她擅长烹制豆腐，深得人们喜爱，人们称她制作的烧豆腐为“麻婆豆腐”。麻婆豆腐色泽红亮，豆腐表面覆有一层红色的辣油，软嫩而有光泽，具有麻、辣、香、嫩、鲜、烫的口味特点。

夫妻肺片

夫妻肺片，四川省传统名菜。这道菜里并没有肺，而是用牛心、牛舌、牛肚、牛肉等食材制成的。20 世纪 30 年代时，郭氏夫妇在成都半边桥附近售卖此菜。他们为保障每种食材的不同口感，将新鲜的食材分别卤煮后切成薄片，再淋上红油，大受顾客欢迎。夫妻肺片色泽鲜亮，麻辣浓香，十分诱人。

23　喜辣嗜辣的重庆

重庆菜，即渝菜，主要特点在于味型多样。辣椒、胡椒、花椒、豆瓣酱等是其主要调味品，不同的配比调出了麻辣、酸辣、椒麻、鱼香、怪味等各种味道，因此重庆菜具有“百菜百味”的特点。

重庆周家山大桥

重庆市位于我国大陆西南部、长江上游，四川盆地的东部边缘，河流众多，是巴渝文化的发祥地，气候较为湿润，太阳辐射少。该市是中国重要的粮食产区、优质水果产地，主要粮食作物包括水稻、玉米、小麦、红薯，果树作物主要有柑橘、甜橙、柚子、桃等。重庆市依山傍水、交通便利，是人流汇集之地，当地的菜肴也博采众长，形成了宴席菜、江湖家常菜、风味小吃等多种类别。

重庆火锅

重庆火锅，又称“毛肚火锅”“麻辣火锅”，重庆饮食文化的代表之一。最开始，重庆火锅的主要食材是毛肚、黄喉、鸭肠、牛血等，后来食材逐渐无所不包。重庆火锅以重油著称，以麻辣见长。在这里，无论四季如何转换，重庆人对火锅的喜爱始终如一。即使在炎热的夏季，火热的温度也阻挡不了人们对火锅的热情。

毛血旺

毛血旺，重庆市的一道名菜，因传统烹调时是将新鲜鸭血（血旺）切片后，在滚烫红汤中快速氽烫至嫩熟，保持“毛边”状态（即未完全凝固的边缘），因此得名毛血旺。这道菜的食材以血旺、毛肚、豆芽等为主，后又加入了鳝（shàn）鱼、午餐肉、莴笋等食材。毛血旺色泽红亮，口味兼具麻、辣、鲜、香，汁浓味足，具有开胃祛湿的功效。

重庆小面

重庆小面，重庆市的特色美食，主料是面条，配料包括牛肉、排骨、肥肠、豌豆、青菜等，既可豪华又可朴素。重庆小面极受欢迎，是重庆人不可缺少的美食，味道鲜香麻辣，面条柔软有韧劲。

24　鲜香多彩的云南

云南是一个旅游大省，这里的美景一直是人们津津乐道的话题，但也因此忽略了它的美食。实际上，云南省的美食也是别具一格的，下面让我们共同探索丰富多彩的云南美食吧。

云南省位于我国西南部，地形以高原、山地为主，拥有壮观的高山冰川地貌，河流和湖泊众多，有“彩云之南”“七彩云南”之称。境内有大片的原始森林，动植物种类众多，有“动植物王国”的称号，而且这里还有高原特色农业，其鲜切花、天然橡胶、咖啡、中草药等作物的种植面积和产量连年位居全国首位。这么富有魅力的地方，一定也有诱人的美食。

云南云阳梯田

鲜花饼

鲜花饼，云南省特色糕点，是用特有的食用玫瑰花制作而成的一种酥饼。每年的4—5月是食用玫瑰开放的季节，此时人们需要将新鲜的玫瑰花采摘下来备用。鲜花饼的面皮是面粉和油混合后的油酥制成的，内馅由玫瑰花瓣、熟面粉、油、蜂蜜等混合搅拌后制成。鲜花饼口感香甜，皮酥可口，余香悠长。

拓展阅读

过桥米线的故事

过桥米线距今已经有一百多年的历史了。相传，清朝时云南蒙自南湖上有一个小岛，一个秀才在岛上发奋读书。秀才的娘子常常给秀才送去他爱吃的米线，但等到了岛上时，米线已经不热了。一次，她送鸡汤时发现鸡汤上覆盖着的鸡油可以保持汤的温度，佐料和米线放入汤里后很快就会被烫熟，而且味道很鲜美。于是她先用肥鸡、筒子骨等煮好清汤，再把米线烫好，切好配料，将这些食材都带到岛上后，再将米线和配料放入汤中。此法一传开，人们纷纷仿效，因为秀才的娘子到岛上要过一座桥，人们就把这种米线称为“过桥米线”。

过桥米线

过桥米线，云南省的代表性美食，起源于云南省蒙自市。过桥米线的食材包括鸡汤、米线、肉片、蔬菜、酱腌菜等，用料考究，制作精良，色香味俱全。

破酥包子

破酥包子是云南省特有的风味小吃。破酥包子皮用发酵后的面团与油酥混合制成，内馅有甜味和咸味两种，一般都会加入鲜肉丁增添口感。破酥包子极其讲究火候，蒸制时要用猛火一气呵成。包子蒸好后，饱满洁白，收口处微微破开，香气四溢。

25　酸辣诱人的贵州

贵州是个多民族聚居的省份，每个民族都有自己独特的美食，不同民族的美食在长时间的交流融合中演变成了贵州独特的风味菜肴。贵州菜或怪或酸或甜或辣，千滋百味，野趣天成，吸引着众多食客前往。

贵州西江千户苗寨

贵州省位于我国西南部，地处云贵高原东部，地势起伏大，漏斗、落水洞、溶蚀洼地、暗河、溶洞等喀斯特地貌广布。这里气候温和，冬无严寒，夏无酷暑，是一个“绿色植物王国”。巍峨雄伟的高山、纵横交错的河流、星罗棋布的湖泊、广阔神秘的森林，给生活在贵州省的各族人民提供了丰富的饮食资源。在长期的生活中，各族人民创造了丰富多彩的饮食文化。

贵阳辣子鸡

贵阳辣子鸡，贵州省的传统名菜，由糍粑辣椒与鸡肉一起炒制而成。一般做法是将鸡肉切成块腌制后，放入油锅内爆炒后捞起，然后在油锅内放入大量糍粑辣椒。糍粑辣椒是贵阳特色调味品，制法是将干辣椒同仔姜、蒜瓣等一同捣碎，成品形似糍粑。辣椒炒制好后，将鸡肉倒回锅内与辣椒一同烹制。贵阳辣子鸡的味道浓郁可口，辣而不燥。

遵义羊肉粉

遵义羊肉粉，贵州省遵义市的一道家常美食，主要原料是羊肉和米粉。滚烫的羊肉汤、火辣辣的油辣椒、细腻的羊肉片，让人吃完后大汗淋漓，回味无穷。遵义市盛产山羊，羊肉质地细腻，腥膻味少，人们创造性地发明了羊肉粉。经过时间的沉淀，遵义羊肉粉已遍及全国。

糕粑稀饭

糕粑稀饭，贵州省的一种风味小吃，由“糕粑”与“稀饭”制作而成。“稀饭”由藕粉冲制而成，“糕粑”则由大米粉和糯米粉蒸制而成。糕粑稀饭的做法是将糕粑放进用热水冲好的藕粉中，再加入白糖、芝麻、瓜片、桃仁、果脯等配料。这道美食香甜可口，清爽细腻，老少咸宜。

26　清淡平和的西藏

西藏自治区在很多人眼里是一个神圣的地方，蓝天、雪山、森林、草原、牛羊交织成了一幅美丽的自然画卷，人们对这里充满了无限的向往。这里地处高原，物产并不丰富，但这里的人们依然凭借有限的资源创造出独具特色的美食。

西藏羊卓雍措秋色

西藏自治区位于青藏高原西南部，地势西北高东南低，气候干寒，空气稀薄。该地区的经济以畜牧业为主导，农业作为重要补充，牲畜以牦牛、藏绵羊、藏山羊、黄牛为主；农作物以青稞为主，其次为小麦、油菜、豌豆等。西藏美食主要分“红食”和“白食”两种，红食指肉食，白食指各种奶制品。近些年来，随着经济的发展，西藏自治区的饮食不断丰富，许多富有特色的美食也日益为人们所熟知。

酥油茶

酥油茶，藏族人必备的饮品，是在茶汤中加入酥油、盐、牛乳等食材后经过特殊方法加工而成的茶。它的热量很高，可以御寒，还能提神醒脑。酥油呈金黄色或乳白色，是从牛乳中提炼出来的，茶为发酵后的砖茶。酥油茶通常和糌粑(zān bā)一同食用。

糌粑

糌粑是藏族同胞的主食之一，是将青稞炒熟后磨成面制成的。糌粑食用方式多样，最常见的是用手在小碗中把酥油茶与糌粑拌匀并捏成小团食用。糌粑热量很高，营养丰富，适合充饥御寒，还便于携带和储藏。

风干肉

风干肉是青藏地区的一种特色食品。因青藏地区气候高寒，风干肉可以被长期保存。西藏的风干肉制作大多用的是

牦牛肉，初冬时节，很多藏民将牛肉割成小条，挂在阴凉通风处，任其自然风干。到来年二三月份，风干肉就会变得酥香又有韧劲，可以蘸辣椒面和盐吃。

第七章　不能辜负的美食
——西北风味

27　鲜香浓郁的陕西

陕西省是中华文明重要的发祥地之一，灌溉农业发达，拥有灿烂的农耕文化。这里还是西周、秦朝、汉朝、隋朝、唐朝等王朝的建都之所，拥有悠久的历史文化底蕴。陕西省的美食也是丰富多彩，尤其出名的是牛羊肉美食和面食。

陕西省位于中国西北部、黄河中游，自然环境南北差异显著，北部为陕北高原，黄土广布，气候干燥；中部为关中平原，土壤肥沃，灌溉农业发达，盛产小麦、棉花等；南部秦岭、巴山间为汉江谷地，气候温暖湿润。由于自然环境因素影响，这里的主食一般为面食，而且各地特色面食皆有不同，几乎一镇一味。另外，陕西省因地处西北地区，牛羊肉是各种菜品的主料，软烂鲜嫩的口感让人来了就想吃，吃了不想走。

陕西汉中风光

南泥湾香菇面

南泥湾香菇面，陕西省南泥湾的美食，因其风味独特，现已成为南泥湾红色旅游的一大标签。传统的南泥湾香菇面用面条、肉圆、木耳、香菇等搭配高汤制作而成，面条劲道，汤汁味道醇厚。

牛羊肉泡馍

牛羊肉泡馍，陕西省传统风味小吃，由古时的牛羊羹(gēng)发展而来，制作的主要食材包括牛羊肉、烤饼、粉丝、香菜等。

牛羊肉泡馍烹制精细，料重味醇，肉烂汤浓，营养丰富，向来被陕西人民所喜爱，外宾来此也争先品尝，一饱口福。

臊(sào)子面

臊子面，陕西省的特色传统面食，其中宝鸡市的岐山臊子面最为有名。岐山臊子面历史悠久，面条为细长的手擀面，配菜包括肉丁、豆腐、鸡蛋、木耳、韭菜、黄花菜等，做法简单，汤汁酸辣，非常开胃。对于陕西人来说，臊子面是他们日常生活和各种宴席上不可缺少的美食。

陕西凉皮

陕西凉皮，陕西省的风味小吃，深受男女老少的欢迎。陕西凉皮多用小麦面粉制作，也有用米粉或其他淀粉制作的。常见的种类有麻酱凉皮、秦镇米皮、汉中面皮、岐山擀面皮等，食用方法多样，既可以凉拌，也可以炒着吃。陕西凉皮因绵软润滑、酸辣可口而受到人们的喜爱。

28　鲜香味醇的宁夏

宁夏美食以豪迈著称，面食、牛羊肉及动物内脏是这里的“主角”，调味上酸辣并举，风味别致。如果你想体验浓郁的西北风情，一定不要错过宁夏美食哟！

宁夏回族自治区位于中国西北部，蜿蜒的黄河在经过这里时流速放缓，成就了富饶的宁夏平原。宁夏回族自治区地处高原与山地的交错地带，从南到北表现出由流水地貌向风蚀地貌过渡的特征，干旱少雨且风大沙多，夏少酷暑，冬季寒冷漫长，灌溉农业和畜牧业发达，这里的小麦和滩羊尤为出名。人们熟知的手抓羊肉、烩羊杂碎、黄河鲤鱼、九碗十三花等都是著名的宁夏特色美食。

宁夏黄河风光

手抓羊肉

手抓羊肉，是西北地区的著名美食，其中宁夏手抓羊肉制作技艺被列为国家级非物质文化遗产。宁夏的手抓羊肉选用当地特有的滩羊的肋骨，加入胡椒、姜片、盐炖煮而成。宁夏滩羊肉质鲜嫩，口感不膻不腥，只用少量的调料烹制即可。手抓羊肉可以配上大蒜一起吃，香味更加浓郁。

烩羊杂碎

烩羊杂碎，宁夏久负盛名的美食，主要食材包括羊头、羊肚、羊心、羊肠、羊肝、羊肺等。做法是先将羊杂洗干净煮熟后切成丝，食用时将切好的杂碎丝下入原汤烫煮，再加入葱、姜、蒜末、香菜和红油就可以吃了。羊杂碎，又名“羊下水”，本来并不受人们重视，甚至有“下水不上宴”的说法。但羊杂碎经过厨师的精心烹制，已经从下脚料变成了美味佳肴。烩羊杂碎，肉烂汤辣，味道浓郁，很多人都喜欢在早上吃一碗热气腾腾的烩羊杂碎。

红烧黄河鲤鱼

黄河鲤鱼，别名“黄河金翅鲤”，主要分布在黄河的主河道里，栖息在水草中和流速缓慢的松软河底。黄河鲤鱼很出名，这种鱼头宽吻圆，鳞片大且有金属光泽，肉质细嫩、鲜美。西北人常红烧黄河鲤鱼，香味浓郁，鱼肉肥厚、鲜美。

九碗十三花

九碗十三花，广泛流传于宁夏、甘肃、青海、新疆的回族聚居区，共由 13 道菜组成，主要原料是牛肉、羊肉、鸡肉及时令蔬菜。最初，九碗十三花只有九大碗，分为流水席和待客席，九个碗摆成每边三碗的正方形，最中间是一道压轴菜，压轴菜为一整只鸡或八宝甜饭。后来，人们又增加了四个凉菜，加起来正好十三道菜，而“花”则是各种水果、干果、面点等食品的总称。

29　咸辣爽口的甘肃

甘肃省历史悠久，当地物产丰富，其美食兼具地方特色和民族风情。甘肃美食在口感上追求鲜香厚重，味道酸辣微咸，调味料普遍使用花椒、八角、茴香、丁香、孜然等，具有浓郁的西北风情。

甘肃陇南梯田风光

甘肃省位于中国西北部，地处黄土高原、青藏高原、内蒙古高原交界处，东西跨度大，境内地形复杂，山地、高原、平川、河谷、沙漠、戈壁交错分布。由于地处西北内陆，降水较少，甘肃省大部分地区气候干燥，粮食作物以小麦为主，其他作物有玉米、高粱、土豆等。甘肃省的饮食特色从地域上来讲可以分成四个部分：以敦煌为代表的西部饮食风味，以兰州为代表的中部饮食风味，以陇南为代表的南部饮食风味，以平凉为代表的东部饮食风味。甘肃人的主食以面食为主，杂粮为辅，嗜好酸辣，烹饪方法多种多样。人们熟知的兰州牛肉面、靖远羊羔肉、白银酿皮、嘉峪关烤肉等都是极具代表性的甘肃特色美食。

兰州牛肉面

甘肃各地皆有面食，其中，兰州市的牛肉面格外出名。兰州人有多爱牛肉面？出门在外的兰州人，回家第一件事，就是来一碗牛肉面。兰州牛肉面具有牛肉软烂、萝卜

白净、辣油红艳、香菜翠绿、面条柔韧、汤汁清亮等特点，当地人描述它是“一清、二白、三红、四绿、五黄”。因此，兰州牛肉面赢得了“中华第一面”的美誉。

兰州牛肉面的面条种类较多，包括大宽、宽、韭叶三种宽度，和粗、二细、三细、细、毛细五种粗细，食客可随爱好自行选择。毛细，最考验吃面人的速度和耐心，一般吃不到两三口，面可能就坨了。而大宽，类似陕西的裤带面，吃起来最为豪迈。

靖远焖羊羔

靖远羊羔肉是甘肃省白银市靖远县的特产，为中国国家地理标志产品。这种羊生长在黄河冲积形成的盆地中，其肉质细嫩鲜美。靖远焖羊羔的做法是将羊肉剁成小块腌制，先炸后焖。成品肉质酥鲜，口味浓厚。

酿皮

酿皮是甘肃省兰州市的传统小吃。酿皮就是我们通常听说的凉皮，由面粉制作而成。做法是将酿皮切成条状，配上面筋，再加入调味料、香菜、黄瓜丝等拌匀食用。在炎热的夏天，一碗清凉的酿皮足以带给人们愉悦的感受了。

嘉峪关烤肉

嘉峪关烤肉历史悠久，成熟于魏晋时期。嘉峪关市的大街小巷都有烧烤摊。当地人烤肉时有两个秘诀，其一是烧烤摊旁的铁桶，铁桶里装着滚沸的羊油，烤肉串经过短暂的预烤后会被放进铁桶里过油，这样可以快速锁住肉中的水分；其二是秘制调料，烤肉串过油后，烤肉师傅会快速给肉串撒上调料，然后放在烧烤架上烤制。吃上一口外焦里嫩的烤肉串，唇齿留香。

30　滋味醇厚的青海

青海省少数民族众多，因此这里的美食具有浓厚的民族风味。在牧区，人们的食材以牛羊肉为主，主食一般为糌粑；在半农牧区、农区，人们的主食多为面点，如花卷、馒头、面片等。高原上丰富优质的食材为青海人提供了多样的选择，使他们创造出了众多风味独特的高原美食。

青海祁连山草原

青海省位于我国西北地区中部、青藏高原东北部，是长江、黄河、澜沧江的发源地，有“江河源头”“中华水塔”之称。青海省深居内陆，地处高原，气温低、昼夜温差大，冬季寒冷、漫长，夏季凉爽、短促，草场面积大，是我国重要的畜牧业生产基地。青海省东部为农耕区，粮食作物以小麦、青稞、蚕豆、豌豆、马铃薯为主。特殊的地理环境和多彩的民族文化，造就了青海美食。这里的美食色彩浓郁、味道厚重，烹饪手法古朴多样。土火锅、尕(gǎ)面片、青海干拌面、焜(kūn)锅馍馍等都是青海省的特色美食！

土火锅

土火锅是青海人喜爱的美食之一。土火锅的食材包括牛肉、羊肉、猪肉、带鱼、炸丸子、酸菜、土豆、豆腐、豆芽、粉条、海带和各种新鲜蔬菜等，部分食材事先会经过煎炸或炖煮。所有的食材会被均匀地切成块、条或片，然后放入火锅中。土火锅用的锅具是铜锅，以木炭为燃料，这种炉子在西北地区很常见。

尕面片

尕面片是青海人的家常饭。尕面片，不是用擀面杖擀出来的，而是用手揪出来的。人们将揉好的面先切成条状或团成饼状，上面抹上油，并用毛巾盖好，放置旁边进行醒面。待下锅时，将面剂子压平拉开，揪成小方块下到锅中，煮熟可食。熟练的厨师可以揪出“指甲面片”（和指甲一样大小的面片），有的人还能揪出像小鸟舌头一样的“雀儿舌头”。尕面片吃法多样，可以浇上羊肉清汤，加入羊肉丁、西红柿、青萝卜片，做成汤面片；可以和牛羊肉片、豆腐、粉条、蔬菜一起炒，做成炒面片；还可以在白水中煮好捞出，放上炸酱，做成炸酱面片。

青海干拌面

“老板，来碗干拌。”在青海省的面食店经常能听到这句话。干拌面，承载了西北浓浓的风土人情。对于青海人来说，一盘地道的青海干拌面抵得过山珍海味。青海干拌面的名头虽不是那么响亮，但这一盘面，是许多游子和食客永远忘不了的美味。

焜锅馍馍

焜锅馍馍，青海省特色面食，用当地特有的金属模具烤制而成。传统焜锅馍馍要在发好的面团上刷菜籽油，抹香豆粉、红曲、姜黄等天然着色剂，然后放进锅具内，埋进麦草灰中缓慢加热。做好的焜锅馍馍外酥里软，色彩艳丽，香气扑鼻，可长时间储存，不易变质。

31　味重香浓的新疆

新疆维吾尔自治区地处亚欧大陆中部，历来是民族交融的区域，因此这里的美食深受多种文化的影响。而且新疆维吾尔自治区自古以来就是香料贸易的集散地，孜然、胡椒、辣椒等都是当地人常用的调味料。因此新疆美食口感独特，具有很强的地域性和民族特色。

新疆红辣椒

新疆维吾尔自治区位于中国西北部，深居内陆，地域辽阔，是我国多民族聚居的地区。新疆远离海洋，气候干旱，降水稀少，昼夜温差大，日照充足，因此瓜果含糖量高、品质优良。这里的绿洲农业和草原畜牧业发展历史悠久，小麦、玉米、水稻是这里的重要粮食作物，畜牧业以绵羊、山羊、牛、马等家畜为主。新疆美食以面食和牛羊肉为主，做法多样，口味偏咸香、辛辣。拉条子、羊肉抓饭、大盘鸡等都是著名的新疆美食。

拉条子

拉条子，是新疆拌面的俗称，在西北地区广受欢迎。拉条子的制作方法很简单，和面时加少许盐，面团醒好后搓成条，放进抹了油的盘中，然后再拉成细长条下入沸水中煮熟捞出，拌上蔬菜和牛羊肉制作的炒菜就完成了。这道美食，面条劲道弹牙，炒菜口味多样，喜欢面食的朋友一定不能错过。

羊肉抓饭

羊肉抓饭是新疆各族人民普遍喜爱的食物，维吾尔语称其为“坡罗”。做法是先用油炒洋葱、黄萝卜丝和羊肉块，然后将炒好的食材和淘净的大米混合后，加水焖蒸。抓饭营养丰富，具有食补的功效，是当地人过节、待客的必备食品之一。因为最初人们吃这道美食时是用手抓取食用的，故此得名抓饭。不过，现在大家吃抓饭都改用筷子或勺子，不再直接用手抓食啦。

大盘鸡

大盘鸡，新疆特色美食，主要制作材料为鸡块、土豆块、青椒、红椒和皮带面。嫩滑香辣的鸡肉、软糯甜润的土豆、筋道爽滑的皮带面，让很多食客胃口大开。现今，这道香味浓郁的西北菜不仅出现在各大餐馆中，也走上了很多家庭的餐桌。

第八章　不能割舍的中华味道
——港澳台美食

32　口味多元的香港

香港特别行政区是中国高度繁荣的自由港和国际大都市，也是中西方文化交流融汇之地。这里的饮食既具有中国传统特色，又深受西方文化影响，各式佳肴让人目不暇接。

香港街景

香港特别行政区位于中国南部、南海之滨，拥有优良的深水港，是全球经济最发达的地区之一，素有“东方之珠”“美食天堂”“购物天堂”等称号。开放包容的社会环境，使香港的美食具有极强的包容性和多元性。这里的美食以广东菜为基础，又广泛吸收了国内各地风味流派和多种国外风味特色。漫步香港街头，从独具特色的茶餐厅、大排档、老式茶楼，到各式各样的西餐厅、高档饭店，可谓应有尽有。烧鹅、菠萝包、鸡蛋仔等都是闻名全国的香港美食。

烧鹅

烧鹅属于粤菜，在香港深受欢迎。港式烧鹅是把涂满调味料的鹅放入烤炉中高温烘烤出来的，吃的时候可以搭配烧鹅汁或者其他酱汁。正宗的烧鹅，色泽金黄，外皮饱满不软塌，且松脆适口，脂香浓郁；鹅肉鲜嫩多汁，油脂丰盈。在香港，许多经营了几十年的老店依靠的都是街坊的时常光顾，这些食客几乎都是“美食家”。

菠萝包

菠萝包，香港特色甜品，因表面呈金黄色且有凹凸的脆皮纹理形似菠萝而得名。菠萝包的脆皮一般由砂糖、鸡蛋、面粉、黄油烘焙而成，内部没有馅料。菠萝包的酥皮香脆甜美，包体松软。有人喜欢在新鲜出炉的菠萝包中间夹上一片冰冷的黄油，黄油受热融化，入口后浓厚的黄油香味搭配松脆的酥皮，让人回味无穷。

鸡蛋仔

鸡蛋仔是香港街头著名的小吃，用鸡蛋、糖、牛奶、面粉等调成糊状放在模具中烤制而成。鸡蛋仔呈金黄色，浓郁的蛋糕香味，外层酥脆，内里松软。尽管售卖鸡蛋仔的小摊或者小店都不是很大，但来往的食客很多。为了迎合年轻群体的口味，鸡蛋仔的味道越来越丰富。人们会在鸡蛋仔里面注入巧克力、豆沙等馅料，还会搭配水果、冰激凌、坚果等配料，让鸡蛋仔的口感更加丰富。

33 包罗万象的澳门

澳门特别行政区作为粤港澳大湾区的中心城市之一，是一座国际自由港，也是世界的旅游休闲中心之一。因此这里的美食包罗万象，中式饭店、日韩餐厅、东南亚风味餐厅、西式餐厅等各国风味汇聚于此，使得澳门美食呈现出多元融合的鲜明特征。

澳门城市夜景

澳门特别行政区，别称“濠江”“镜湖”，位于珠江口西岸，由澳门半岛、氹(dàng)仔岛和路环岛组成。这里温暖多雨，主要分为冬、夏两季。作为一个拥有多元文化的现代都市，澳门美食包括广州菜、澳门土生葡菜、澳门葡萄牙菜和以泰国、缅甸、越南、印度尼西亚等国家风味为主的东南亚菜等。其中，陈皮鸭、葡式蛋挞、葡国鸡、水蟹粥等深受人们喜爱。

陈皮鸭

陈皮鸭，制作工序复杂，耗时较长，吃过的人总会对它念念不忘。处理好的鸭子先用十几种香料腌制入味，然后过油略炸，炸好的鸭子需要用陈皮等调料进一步调味，然后回锅蒸两个小时。经过高温蒸制后，陈皮消失了，鸭肉散发出阵阵的陈皮芳香。陈皮鸭肉质嫩滑，用筷子一夹，骨头和肉就会分离。

葡式蛋挞

葡式蛋挞，又称葡式奶油塔，澳门著名的甜品，是一种小型的奶油酥皮馅饼，表面微焦是其重要的特征，这是糖过度受热后产生的效果。1989 年，英国人安德鲁将改良版的葡式蛋挞带到澳门，随即吸引了大量的食客来品尝，葡式蛋挞逐渐成为澳门一种极受欢迎的小吃。酥脆的挞皮、香浓的蛋芯、淡淡的奶油香气，让人吃上一口，便回味无穷。

葡国鸡

葡国鸡，是澳门葡菜里的经典代表，主要原料是鸡肉、土豆、番茄、洋葱和咖喱。制作方法是将整只鸡或鸡腿剁成小块后腌制，然后把土豆切成块后煮至七成熟。烧热锅后放入洋葱、番茄炒出香味，再加入鸡块和咖喱粉翻炒后加入椰奶或牛奶，最后将所有食材放入烤盘中，置入烤箱中烤制。葡国鸡香味浓郁，鸡肉鲜嫩可口。

水蟹粥

水蟹粥是澳门特色小吃，也是来澳门旅游的人必吃的佳肴之一。水蟹粥用的是澳门本地蟹，这种蟹生长于咸淡水交界处，味道鲜甜，肉质爽口。经典的水蟹粥由水蟹、膏蟹、肉蟹三种蟹和米一起熬煮而成，丰腴的蟹黄、鲜美的蟹肉和大米融合在一起，食后令人回味无穷。

34　清淡咸鲜的台湾

台湾省位于我国东南海域，气候温暖湿润，物产丰富，素有“宝岛”之称。台湾美食承袭闽、粤菜的特色，兼收并蓄，在继承中不断创新发展。

台湾日月潭

台湾省位于中国东海和南海之间，西隔台湾海峡与福建省相望，东临太平洋，包括台湾岛、澎湖列岛、赤尾屿、绿岛、兰屿、彭佳屿、钓鱼岛等岛屿。台湾省北部属亚热带气候，南部属热带气候，降雨充沛，日照充足，长夏无冬，为粮食作物和瓜果蔬菜的生长提供了有力的条件。台湾省四面临海，周边有大量渔场。台湾美食充分利用当地的物产，在烹饪时调味简单，注重食材的本味，制作精致，广受人们喜爱。

姜母鸭

姜母鸭起源于福建省泉州市，流行于闽南地区，而后传至台湾省。姜母鸭的制作理念与中国的食补文化有关，做法是先用麻油翻炒老姜和鸭肉，然后再用米酒和中药材熬煮。米酒和麻油使鸭肉久煮不柴，且越煮越甘香。台湾姜母鸭的吃法类似于火锅，上菜时连炉带锅一起架在桌上，可以边吃鸭肉，边煮豆皮、蔬菜、蘑菇、鸭血等食材。

担仔面

担仔面是一道发源于台南的小吃，主要食材有油面、卤蛋、虾和肉臊，口味鲜美，老少皆宜。担仔面还有特制的肉臊和用虾子熬煮的汤头，配菜有豆芽、虾仁、香菜等。

卤肉饭

在台湾众多美食里，卤肉饭是最广为人知的一种，无论是街边小店还是高档餐厅，卤肉饭无处不在。卤肉饭的制作材料有大米、五花肉、卤蛋、蔬菜等，口味讲究肥而不腻、甜咸适口。不过，不同地区的卤肉饭口味稍有差异。